湖北省社会公益出版专项资金资助项目

探索地球演化奥秘科普系列丛书

蓝色海洋的变迁

LANSE HAIYANG DE BIANQIAN

徐世球 编著

中国地质大学出版社
ZHONGGUO DIZHI DAXUE CHUBANSHE

图书在版编目（CIP）数据

蓝色海洋的变迁 / 徐世球编著 . —武汉：中国地质大学出版社，2019.7
（探索地球演化奥秘科普系列丛书）
ISBN 978－7－5625－4596－5

Ⅰ.①蓝…
Ⅱ.①徐…
Ⅲ.①海洋-普及读物
Ⅳ.①P7-49

中国版本图书馆 CIP 数据核字（2019）第 150508 号

蓝色海洋的变迁		徐世球　编著
责任编辑：唐然坤　李应争	选题策划：唐然坤	责任校对：张咏梅
出版发行：中国地质大学出版社（武汉市洪山区鲁磨路 388 号）		邮政编码：430074
电　话：（027）67883511	传　真：（027）67883580	E-mail:cbb@cug.edu.cn
经　销：全国新华书店		http://cugp.cug.edu.cn
开　本：880 毫米 ×1230 毫米　1/32	字数：94 千字	印张:3.25
版次：2019 年 7 月第 1 版	印次：2019 年 7 月第 1 次印刷	
印　刷：武汉中远印务有限公司		
ISBN 978-7-5625-4596-5		定价：29.80 元

如有印装质量问题请与印刷厂联系调换

  科技创新和科学普及是实现创新发展的两翼。一个民族的科学素质关系到科技创新、社会和谐、社会共识、科学决策和人民健康水平。基于此,我国在"十三五"期间把"科技强国""科普中国"作为科学文化发展的重要目标。正是在这样的背景下,《探索地球演化奥秘科普系列丛书(4册)》应运而生。

  《探索地球演化奥秘科普系列丛书(4册)》旨在积极响应国家的科普发展政策,通过对地球、生命、海洋等方面的演化探索,加强大众对地球演化史的认知,强调保护人类生存和发展所需要的自然资源理念,从而保护地球,正确地贯彻可持续发展理念,实现人与地球和谐发展。

  该丛书是徐世球教授基于多年的科普讲座进行编写汇总的,为多年来科普成果的凝聚与智慧的结晶。该丛书包括4册,分别为《地球的来龙去脉》《地球生命的起源与进化》《蓝色海洋的变迁》和特别篇《穿越恐龙时代》。该丛书以"地球→海洋→生命→特殊物种恐龙"为主线,由整体到局部,由宏观到微观介绍了地球是如何形成的,海洋是怎样变迁的,生命是怎样起源的,特殊物种恐龙又是怎样灭绝的。

  《地球的来龙去脉》主要介绍了地球的起源、自然资源、地质灾害、特殊的地球风貌,以及当前全球瞩目的"人与地球未来"的可持续发展研究。

  《蓝色海洋的变迁》分述了海洋的神奇、海洋的起源、海洋的演化、海洋的宝贵资源和海洋保护5个方面,强调了海洋特别是深海作为战略空间和战略资源在国家安全和发展中的战略地位。

  《地球生命的起源与进化》以地球的生命演化为主线,主要介绍了生命的起源→生命的进化→人类的进化→人类与生物圈。通过介绍丰富多彩的生命演化史,强调了生物多样性的重要性和意义。

《穿越恐龙时代》分别从恐龙家族的揭秘、恐龙的前世今生、特殊的恐龙、恐龙化石以及恐龙灭绝原因的猜想5个方面展开了对恐龙从诞生到灭绝的讲述，旨在向青少年科普恐龙的知识，了解物种的珍贵性。

《探索地球演化奥秘科普系列丛书（4册）》以"地球＋海洋＋生物"三位一体的方式，用通俗易懂的语言详细、系统、生动地讲述了地球演化的历史故事，具有以下鲜明的特点。

（1）框架完整，科普性强。该丛书内容涉及物种、资源、环境、灾害等方面，为一套针对地球演化知识普及的套系图书。

（2）内容丰富，可读性强。该丛书以地球、海洋、生命演化为多个切入点，重点阐述了地球演化的内容，通过地球演化史来强调人类发展与地球和谐相处的重要性，通俗易懂。

（3）符合科普发展战略，社会文化意义重大。该丛书的出版，顺应了国家科普发展战略的总体要求，具有服务社会的意义。

（4）受众面广，价值巨大。该丛书集地学科普、文化宣传于一体，适合非地学专业人士阅读，读者面广。

《探索地球演化奥秘科普系列丛书（4册）》是符合当前国家"科普中国"倡议的科普丛书，目前为"湖北省社会公益出版专项资金资助项目"。从项目伊始到出版，湖北省社会公益出版基金管理办公室、中国地质大学（武汉）、中国地质大学出版社各级领导以及相关审稿专家给予了大量的帮助和支持，在此我们一并表示诚挚的谢意。

编者在创作过程中海量地借鉴了图书、期刊、网络中的信息、图片、文字等资料，针对一些科学界仍有争议的论点或论断，尽量做到博众家之所长，集群英之荟萃，采纳主流思想，兼顾最新研究前沿。同时，由于编者知识水平有限，书中难免有不当和疏漏之处，希望广大读者尤其是地球科学领域的专家学者能够谅解，并不吝赐教，我们将虚心受教，不断改进。

CONTENTS 目录

1 神奇的海洋 …………… 01

1.1 海与洋 …………… 02
1.2 世界海洋 …………… 03
1.3 中国的海 …………… 06
1.4 海洋之最 …………… 11
1.5 海洋之谜 …………… 17
1.6 人类探索海洋史 …………… 19

2 运动的海洋 …………… 25

2.1 海洋的形成 …………… 26
2.2 海洋的变迁 …………… 28
2.3 中华大地沧海桑田 …………… 34
2.4 海水的运动 …………… 36
2.5 海洋地貌 …………… 41

3 生命的海洋 ………… 47

- 3.1 生命的诞生 ………… 48
- 3.2 海洋霸主的更迭 ………… 50
- 3.3 海洋生物的迁徙 ………… 54
- 3.4 现代海洋生物 ………… 55

4 富饶的海洋 ………… 63

- 4.1 海水成因分析 ………… 64
- 4.2 丰富的海洋资源 ………… 66

5 永恒的海洋 ………………… 83

5.1 开发海洋资源 ………………… 84
5.2 发展海洋经济 ………………… 85
5.3 坚决维护海洋权益 ………………… 86
5.4 海洋灾害与海洋生态环境保护 … 88

主要参考文献………………………96

1 神奇的海洋

什么是海？什么是洋？何谓海洋？海有多深？洋有多大？世界有哪些海？哪些洋？带着这些问题，我们一起来探索海洋的奥妙，寻找海洋的神奇之处。

蓝色海洋的变迁

在漫长的地史进程中，人类从未停止过对海洋的探索。很早以前，人类就已经在海洋航行，从海洋中捕鱼，以海洋为生，对海洋进行探索。在航空飞行器发明之前，航海是人类跨大陆运输的主要方式，直到20世纪中叶，人类对深海海底的探索才真正开始。虽然今天可利用潜水器、潜水艇探索海洋，从几十米、几百米再到几千米更深的海底，但人类对深邃的海洋还所知甚少。

 海与洋

海洋是地球上最广阔的水体的总称。海洋的中心部分称作洋，水深在3千米以上，例如太平洋、北冰洋等；边缘部分称作海，平均深度2～3千米，例如东海、南海、地中海、红海等；海和洋彼此连通组成统一的水体。

海，分为边缘海、内海、内陆海和陆间海。人类首先通过探索海域，进而才走向深海大洋。海不仅可以提供各类丰富的资源，还为调节整个地

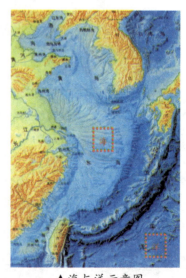

▲海与洋示意图

球的水平衡发挥出重要作用。海在大洋的边缘，是大洋的附属部分。海约占海洋面积的11%，由于紧靠陆地，受陆地、河流、气候和季节的影响较大，海水温度、盐度和透明度都会出现明显的变化。有的海域如渤海，冬季还会结冰，河流入海口附近海水盐度会变低，

1 神奇的海洋

透明度会变差。与大洋相比，海没有自己独立的潮汐与洋流。

洋，约占海洋总面积的 89%，水的温度和盐度不受大陆影响，平均盐度为 35‰，水色高，透明度高，有独立的潮汐系统和海流系统。沉积物多是钙质软泥、硅质软泥和红色黏土等。

 世界海洋

国际水道测量局统计数据显示，全世界共有 54 个海，4 个洋。平时我们通常都说海洋，其实海和洋是有区别的，洋远离陆地，水域面积巨大宽阔；海一般是洋的边缘部分，靠近陆地，是大洋的附属部分。

从海底地形地质的角度来说，世界上海洋的分布特点是海所在的区域，通常是大陆的延伸部分，属于大陆地壳，在海底地形类型中多属于大陆

▲全球四大洋分布示意图

架部分；而洋所在的区域，通常是大洋的主体区域，属于大洋地壳，在海底地形类型中多属于洋盆部分，水深多在 2 千米以上。下面一起来看一下世界海洋中的边缘海、内海及著名的十大海峡。

◎ 边缘海

边缘海，又称"陆缘海"，位于大洋边缘与大陆之间的过渡地带，边缘海的一侧为陆地，另一侧连接大洋的主体。边缘海通常通过岛

屿、半岛、群岛、岛链等与大洋分隔，通过海峡或者水道和大洋相连，一般边缘海与大洋的连接通道较多，水体交换也较顺畅。世界上最大的边缘海，是位于澳大利亚的珊瑚海，

▲边缘海

面积达479.1万平方千米，珊瑚海也是世界上最大的海。

世界上主要的边缘海，包括黄海、东海、南海、白令海、鄂霍次克海、日本海、菲律宾海、安达曼海、阿拉伯海、喀拉海、普捷夫海、东西伯利亚海、北海、挪威海、巴伦支海、珊瑚海、威德尔海、塔斯曼海等。

◎ 内海

内海，通常深入大陆的内部，周围被大陆、半岛和岛屿包围，仅仅通过狭窄的海峡或水道与其他海域连通。内海与边缘海的区别，主要是看该海域被陆地包围的程度，以及与其他水道的连通情况，一般来说内海比边缘海更加封闭。世界上最大的内海是加勒比海，面积达275万平方千米。世界上其他主要的内海还有地中海、波罗的海、红海、波斯湾、黑海、濑户内海、爱琴海、亚速海、渤海等。

▲内海

1 神奇的海洋

◎世界十大著名海峡

马六甲海峡：位于马来半岛与苏门答腊岛之间，连接南海与印度洋，是东亚、东南亚国家和地区与南亚、西亚、非洲、欧洲国家之间的联系通道，被称为"十字路口的咽喉"。

霍尔木兹海峡：位于伊朗与阿拉伯半岛之间，连接波斯湾与阿拉伯海，是波斯湾石油出口的重要通道，为世界著名的石油海峡。

土耳其海峡：连接黑海与爱琴海、地中海，是亚洲、欧洲的分界线，也是黑海通往地中海的门户。

直布罗陀海峡：位于伊比利亚半岛与非洲大陆之间，连接地中海与大西洋，是地中海沿岸国家通往大西洋的"咽喉"。

英吉利海峡：位于大不列颠岛与欧洲大陆之间，连接北海与大西洋比斯开湾，是西欧与北欧各国重要的海上通道，也是世界货运最繁忙、通过船只最多的海峡。

麦哲伦海峡：位于南美大陆与火地岛之间，连接大西洋与太平洋，是世界重要的国际航线。

莫桑比克海峡：位于非洲大陆东南部与马达加斯加岛之间，是南大西洋和印度洋之间的航运要道，是世界最长的海峡。

白令海峡：位于楚科奇半岛与阿拉斯加半岛之间，连接北冰洋与太平洋，是亚洲与北美洲的分界线，也是太平洋与北冰洋间的唯一通道。

朝鲜海峡：连接日本海与东海，是日本海通往太平洋的重要通道。

德雷克海峡：位于南美洲与南极半岛之间，连接大西洋与南太平洋，是南美洲与南极洲的界线，各国科考队赴南极考察必经之路。

1.3 中国的海

我国是一个海洋面积广阔的国家,东、南两面濒临海洋,大陆海岸线北起辽宁省的鸭绿江口,南至广西壮族自治区的北仑河口,长达18 000多千米,是世界上海岸线最长的国家之一。海洋总面积超过470万平方千米(注:按联合国国际海洋法,我国还拥有约300万平方千米专属经济区)。在辽阔的中国海域,东海、南海、黄海是西北太平洋的边缘海,渤海是我国内海,大小岛屿共计6500余个(面积在500平方米以上)。

中国海域跨越热带、亚热带和温带三大气候带,海洋生物资源十分丰富,近海大陆架蕴藏着丰富的油气资源,浅海滩涂是建场晒盐、海水养殖和发展现代海上牧场的优良场所。海洋对于国家经济建设如此重要,需要我们认识海洋、利用海洋、保护海洋。

我国海洋主要分为四大海域,从北向南依次为渤海、黄海、东海、南海,分布在我国东部海岸线,跨越辽宁、河北、山东、天津、江苏、上海、浙江、福建、台湾、广西、广东、海南等省(区、市),互相连成一片,自北向南呈弧状分布,是北太平洋西部的边缘海。

1 神奇的海洋

◎ 渤海

渤海在辽东半岛南与山东半岛北连线以西，为一半封闭型的中国内海。渤海由辽东湾、渤海湾、莱州湾、浅海盆地及渤海海峡5个部分组成，海域面积7.7万平方千米，占我国海域面积的1.63%，平均水深18米，海水总容量1700多立方千米。渤海由河北省、山东省、辽宁省3个省和天津市环抱，总共有13个环渤海城市。

渤海通过渤海海峡与黄海相通。渤海海峡口宽59海里（1海里=1852米），有30多个岛屿。其中，较大的有南长山岛、砣矶岛、钦岛和隍城岛等，总称庙岛群岛或庙岛列岛。岛屿间构成8条宽窄不等的水道，扼渤海的咽喉，是京津地区的海上门户，地势极为险要。渤海古称沧海，又因地处北方，也有北海之称。

▼渤海风光

蓝色海洋的变迁

◎ 黄海

出了渤海海峡,海面骤然开阔,深度逐渐加大,这就是黄海。黄海因为古时黄河水流入,搬运来大量泥沙,使海水中悬浮物质增多,海水透明度降低,呈现黄色,黄海因此而得名。黄海是我国华北的海防前哨,也是华北一带的海路要道。

黄海是太平洋的边缘海,在中国与朝鲜半岛之间,南以长江口北岸到朝鲜半岛济州岛一线同东海分界,西以渤海海峡与渤海相连。黄海面积约38万平方千米,海域全部为大陆架,平均深度44米,中央部分深60～80米,最大深度140米。海水盐度平均为31‰～32‰。表水温度夏季为25℃,冬季为2～8℃。透明度南部为15米左右,沿岸为3～5米。辽东半岛、山东半岛和朝鲜半岛西部海岸曲折,多港湾岛屿。黄海分布多个著名渔场,盛产黄鱼、带鱼、虾、蟹等,制盐业发达,素有"鱼虾摇篮"之称。

▼黄海风光

1 神奇的海洋

◎ 东海

东海北起长江口北岸到朝鲜半岛济州岛一线，南以广东省南澳岛到中国台湾本岛南端（也有称经澎湖到台湾东石港）一线以南海为界，东至琉球群岛。东海面积约77万平方千米，多为200米以下的大陆架。海水盐度为31‰～32‰，东部为34‰。海水平均温度为9.2℃，冬季南部水温在20℃以上。

东海是中国三大边缘海之一。广阔的东海大陆架海底平坦，水质优良，为各种鱼类提供了良好的繁殖、索饵和越冬条件，是中国最主要的渔场之一，盛产大黄鱼、小黄鱼、带鱼、墨鱼等。东海舟山群岛附近的渔场被称为中国"海洋鱼类的宝库"。

▼ 东海风光

◎ 南海

南海又称作南中国海。海域面积约为 350 万平方千米，约是我国渤海、黄海和东海总面积的 3 倍，仅次于南太平洋的珊瑚海和印度洋的阿拉伯海，居世界第三位。南海的平均水深 1212 米，但最深处却有 5567 米。

南海是我国南部的近海，它的南部是加里曼丹岛和苏门答腊岛，西面是中南半岛，东面是菲律宾群岛，最南端为曾母暗沙。整个南海几乎被大陆、半岛和岛屿所包围。南海东北部经台湾海峡和东海与太平洋相通，南部经马六甲海峡与爪哇海、安达曼海、印度洋相通，东部经巴士海峡与苏禄海相通。

▼南海西沙风光

1 神奇的海洋

海洋之最

最大最深的海——珊瑚海

中文名：珊瑚海
英文名：Coral Sea
面积：479.1万平方千米
平均深度：2394米
最深处：9175米
海水温度：18～28℃
位置：太平洋西南部海域

特点：海水洁净，海水含盐度和透明度高，水呈深蓝色
特产：大堡礁 珊瑚
盛产：鲨鱼
　　　鲱鱼
　　　海龟
　　　海参
　　　珍珠贝

　　珊瑚海总面积达479.1万平方千米，为南太平洋的属海，位于澳大利亚东北新几内亚岛（伊里安岛）、所罗门群岛和新喀里多尼亚岛之间，为世界最大的海，相当于半个中国的国土面积。南北长约2250千米，东西宽约2414千米，最深处达9175米。南连塔斯曼海，北接所罗门海，东临太平洋，西经托里斯海峡与阿拉弗拉海相通。因盛产珊瑚而得名。

▲珊瑚海风光

最小的海——马尔马拉海

- 中文名：马尔马拉海
- 英文名：Sea of Marmara
- 面积：1.1万平方千米
- 平均深度：494米
- 最深处：1335米
- 海水温度：5～25℃
- 位置：土耳其
- 特点：内陆海，含盐度低，水质清澈，水呈浅蓝色
- 特产：大理石
- 人文：沿岸城镇是兴旺的工农业中心，并且景色优美，是土耳其的旅游胜地

马尔马拉海为土耳其内海，是土耳其亚洲和欧洲部分分界线的一段，东北经博斯普鲁斯海峡与黑海沟通，西南经达尼尔海峡与爱琴海相连。其他地方被土耳其领土所包围，是黑海与地中海之间的唯一通道，属土耳其海峡（又名黑海海峡）。如果没有马尔马拉海，黑海就成一个内陆湖泊了。

马尔马拉海面积1.1万平方千米，是世界上最小的海，平均深度约494米，为土耳其旅游胜地。海中有两个群岛，常有地震。自古就开采大理石、花岗岩和石板，沿岸城镇均为兴旺的工农业中心。

▼ 马尔马拉海风光

1 神奇的海洋

最浅的海——亚速海

中文名：亚速海
英文名：Sea of Azov
面积：3.76万平方千米
平均深度：7米
最深处：14米
位置：乌克兰东面俄罗斯

特点：海水浅，混合状态极佳，海水温暖，海域生物丰富

盛产：沙丁鱼
鲲鱼

亚速海是一个陆间海，西面有克里米亚半岛，北面为乌克兰，东面为俄罗斯，只有通过刻赤海峡与黑海相连。主要的汇集河流有顿河和库班河。亚速海长约340千米，宽135千米，面积约3.76万平方千米。平均水深7米，最深处也只有14米，是世界上最浅的海。海洋生物丰富，盛产沙丁鱼。

▼ 亚速海风光

蓝色海洋的变迁

最淡的海——波罗的海

中文名：波罗的海
英文名：Baltic Sea
平均深度：55 米
最深处：459 米
地理位置：欧洲北部的内海、北冰洋的边缘海、大西洋的属海

特点：世界上盐度最低的海，海水盐度只有7‰～8‰，各个海湾盐度更低，只有2‰

盛产：鲽鱼
　　　鳕鱼
　　　鲱鱼

波罗的海，世界上盐度最低的海，是地球上最大的半咸水水域，是世界上最淡的海，水深一般为 70～100 米，平均深度为 55 米，最深处为哥特兰沟，深 459 米。波罗的海原是冰河时期结束时斯堪的纳维亚冰源溶解所形成的海洋的一部分，大水向北极退去后，地面下陷部分积贮的水域形成此海。最深的地方在瑞典东南海岸与哥特兰岛之间。海底有由浅脊隔开的许多海盆。

▼波罗的海风光

1 神奇的海洋

最透明的海——马尾藻海

中文名：马尾藻海
英文名：Sargasso Sea
平均深度：4500 米
最大透明度：72 米
地理位置：是大西洋中一个没有岸的"海"，围绕着百慕大群岛，与大陆毫无瓜葛
特点：马尾藻海是一个洋中之海,最明显的特征是透明度高，是世界上公认的最清澈的海
盛产：马尾藻
飞鱼
旗鱼
马林鱼
马尾藻鱼

    1492 年 9 月 16 日，在大西洋上航行了多日的哥伦布探险队，忽然望见前面有一片大"草原"，要寻找的陆地就在眼前，哥伦布欣喜地命令船队加速前航。然而，驶近"草原"以后却令人大失所望，哪有陆地的影子，原来这是长满马尾藻的一片汪洋。奇怪的是，这里风平浪静，死水一潭，哥伦布凭着自己多年的航海经验，预感到面前的危险处境，亲自上阵开辟航道，经过 3 个星期的拼搏，才逃出这片可怕的"草原"。哥伦布把这片奇怪的大海叫作萨加索海，意思是马尾藻海。

▼马尾藻海风光

最年轻最咸的海——红海

中文名：红海
英文名：Red Sea
平均深度：490米
最深处：2211米
地理位置：位于非洲东北部与阿拉伯半岛之间，呈狭长形

特点：用海水的颜色来解释红海的名字，降水量少，蒸发量却很高，盐度为41‰
年龄：4000万年
盛产：珊瑚
小丑鱼"尼莫"
魔鬼鱼

红海名称的来历：

来历一：红海里有许多色泽鲜艳的贝壳，因而使水色深红；红海近岸的浅海地带有大量黄中带红的珊瑚沙，使得海水变红；红海表层海水中大量繁殖着一种红色海藻，也使得海水略呈红色，因而得名红海。

来历二：红海两岸特别是非洲沿岸，是一片绵延不断的红黄色岩壁，这些红黄色岩壁将太阳光反射到海上，使得海上也红光闪烁，红海因此而得名。

来历三：红海海面上常有来自非洲大沙漠的风，送来一股股炎热的气流和红黄色的尘雾，使天色变暗，海因而呈暗红色，所以称为红海。

来历四：古代西亚的许多民族用黑色表示北方，用红色表示南方，红海就表示"南方的海"。

▼红海风光

1 神奇的海洋

  海洋之谜

地球上海洋总面积约为 3.6 亿平方千米，约占地球表面积的 71%，平均水深约 3795 米。目前为止，人类已探索的海底只有 5%，还有 95% 的海底是未知的。全球海洋中拥有约 13.6 亿立方千米的水，约占地球上总水量的 97.2%。陆地上的淡水资源储量只占地球上水体总量的 2.53%。其中，固体冰川约占淡水总储量的 68.69%，主要分布在两极地区，人类在目前的技术条件下，尚难以开发利用；液体形式存在的淡水水体，绝大部分是深层地下水，开采利用的也很少。

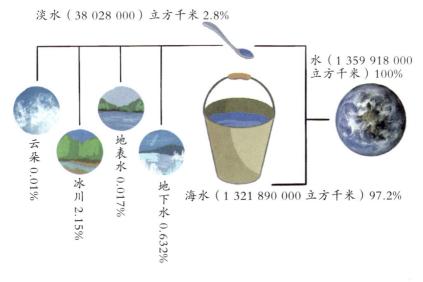

▲ 地球上水的分布

蓝色海洋的变迁

海洋之大,无奇不有。一起来看看海洋有什么奇特之处。

◎ 奇特的海洋(一)

陆地上最高的山峰为珠穆朗玛峰,高8844.43米;最深的海沟为西南太平洋的马里亚纳海沟,深11 034米。如果地球上没有地势起伏,水深将达3798米,整个陆地都将被海水覆盖,地球赤道半径为6378千米,极半径约为6357

▲地球与地球上海水形成的"水球"的比例

千米,如果把地球上所有的水汇集起来,相当于直径1384千米的水球。地球是不是叫错了名字,应该叫"水球"? 或者是"海球"?

◎ 奇特的海洋(二)

海洋是被陆地分割的、具有连通功能的水体。如果把一杯水染成红色后倒入海洋,6000年后在任何地方的海洋里舀起一杯水,都会包含当年倒下去的红色水分子。这充分说明:海洋虽然很大,但海是连通的。

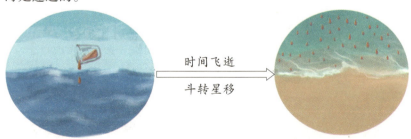

一杯红色水倒入海中　　时间飞逝 斗转星移　　6000年后任何地方的海洋都含有当年倒入红色水的水分子

1 神奇的海洋

◎ 奇特的海洋（三）

全球海水约 137 亿亿吨，海水中溶解有 80 多种金属和非金属元素，其总量达 5 亿亿吨。海水中最丰富的资源当属盐，其量可达 3.77 亿亿吨，如按目前全世界年产海盐 1 亿吨计，可供人类食用近 4 亿年。

人类探索海洋史

在我们赖以生存的地球上，地表面积约 5.1 亿平方千米，其中海洋面积约 3.6 亿平方千米，占 71%。38 亿年前原始生命在海洋中诞生，4 亿年前生命从大海向陆地过渡，开始物种进化的瑰丽篇章。自船这种海上交通工具发明之后，人类探索海洋的能力不断增强，开始不断地进行着征服海洋的活动，并通过航海把不同社会和文明联系起来，为商品的交换和分配、政治经济权力的展现、思想和文化的融合提供了渠道。直至当今社会，航海业依然是世界经济的重要产业，大宗商品的运输和流动基本都依靠海运。可以说，没有海洋，就没有生命和人类；没有航海，更没有我们的现代文明。

人类的航海史就是人类探索海洋的一部远征历史。

▲ 人类海上探索

◎ 最早的海上远距离航行

公元前4世纪下半叶,希腊航海家皮忒阿斯驾舟从希腊当时的殖民地马西利亚(今法国马赛)出发,沿伊比利亚半岛和今法兰西海岸,再沿大不列颠岛的东岸向北探索航行到达粤克尼群岛,并由此折向东到达易北河口。这是西方最早的海上远距离航行。

▲希腊船夫

◎ 郑和七下西洋

中国航海技术,经过汉、唐、宋、元几代人的积累和创新,达到很高水平,海上交通空前繁盛。1405—1433年,明永乐至宣德年间,中国航海史出现了一个高峰,那就是郑和率领船队七下西洋。

明朝建立初期,曾施行过"海禁",与海外交往稀少。明成祖朱棣政权巩固之后,取消了海禁,并决定派出一支规模庞大的船队,沿着海上"丝绸之路"远航,在中国和亚、非人民之间架起一座座友谊桥梁。船队包括各类大小船只240余艘,船工人员27 000余人,先后7次下西洋,历时近30个寒暑,经过30多个国家,最远航程到达非洲东岸——现今的索马里和肯尼亚一带。

▲郑和下西洋

1 神奇的海洋

◎ 迪亚士、伽马的航海活动

约与中国郑和下西洋的航海壮举同一时期,葡萄牙亲王亨利于1420年在任阿尔加维总督时办了一所航海学校,传授航海、天文和地图绘制等科学知识。这所学校年复一年地送出海上远征队,绘制了自非洲西岸延伸到狮子山国的地图。

▲迪亚士、伽马航海路线

1487年船长迪亚士到达非洲最南端,当时叫作"暴风角"。葡萄牙国王认为既然能到达这里,就有到达东方印度的希望,便把这地方更名为"好望角"。果然在9年后,葡萄牙又一支船队在船长伽马的率领下,于1497年秋从葡萄牙首都里斯本出发,再沿非洲西海岸南下,绕过好望角,于1498年抵达印度的卡利卡特,1499年循原路安全返回里斯本。从此,葡萄牙船队就经常取道好望角驶向东方进行贸易。1517年他们到了中国广州,1542年到达日本。

◎ 哥伦布、亚美利哥发现新大陆

当葡萄牙人热衷于一条绕过非洲南端到印度去的全程水路时,意大利航海家哥伦布在地圆学说的影响下,设想向西直驶渡过海洋,或许可以更迅速、更容易地到达东方的印度、中国和日本。他于1492年8月得到西班牙国王斐迪南和王后伊萨伯拉的援助,率领3艘圆首方尾的小帆船从帕洛斯出发,向西航驶,以期能到达印度。

1492年10月哥伦布终于发现了陆地圣萨尔瓦多，他以为这就是印度附近的一个海岛，其实乃是巴哈马群岛的一个岛。哥伦布没有意识到他所登岸的是一个新大陆，所以，哥伦布虽是第一

▲哥伦布登岸

个登上这个大陆的欧洲人，却不是第一个认识这是一个新大陆的人。认识它是新大陆的乃是另一个意大利航海家亚美利哥。亚美利哥于1499—1500年与奥基达合作横渡大西洋，到达南美洲的亚马逊河河口。1501—1502年他第二次再到这个大陆时，证实了这里不是亚洲，而是一个新世界，所以后人就以他的名字命名这个洲为亚美利哥洲。

◎麦哲伦环球航行

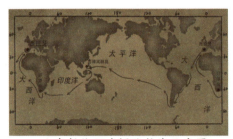

▲麦哲伦环球探险航线示意图

葡萄牙航海家麦哲伦于1519年奉西班牙国王之命率领船队从圣罗卡出航，越过大西洋，从南美洲东海岸南下，穿过南美洲大陆和火地岛之间的海峡（后命名为麦哲伦海峡）进入太平洋，于1522年抵菲律宾。他本人因故被杀，麦哲伦的船员于同年9月回到西班牙，完成了人类第一次环球航行。

◎蛟龙号探索海洋

从2009年8月开始，中国"蛟龙号"载人深潜器先后开展

1. 神奇的海洋

1000米级和3000米级海试。2010年5月至7月,"蛟龙号"完成在中国南海下潜,最大下潜深度到达7020米海底。2012年6月在马里亚纳海沟创造了7062米中国载人深潜记录,也是世界同类作业型潜水器最大下潜深度记录。

▲"蛟龙号"

2017年5月23日,"蛟龙号"完成在世界最深处下潜,潜航员在水下停留近9小时,海底作业时间3小时11分钟,最大下潜深度4811米。

至此,中国开始了精彩的"上天、入地、下海"之旅。跟随"蛟龙号"我们一起看看海洋有什么神奇之处,海洋将会带给我们什么惊喜,让我们来揭开海洋的神秘面纱。

科学家发现了多种鲜为人知的海洋神奇生物和热液硫化物矿以及热液喷溢口周围呈环形分布的微生物群落。

▲"蛟龙号"发现的深海神奇生物

2 运动的海洋

"沧海桑田",海陆变迁,海洋这么大,海水那么深,曾经的沧海是如何演变成桑田?让我们一起来了解这一演变过程。

蓝色海洋的变迁

2.1 海洋的形成

海洋这么广阔，海水如此深邃，那么在最原始地球上海洋是如何形成的呢？水又是怎么来的？

目前的观点是，海水主要来自以下两种方式：

一是由火山爆发从地下带到地表形成。在地球形成初期，地球

▼火山喷出水蒸气

2 运动的海洋

内部富藏着大量自由流动的水、岩石水以及裂隙水。随着地球内部压力和温度的升高,火山爆发冲出地表,带出来大量的水蒸气。水蒸气冷凝后形成水,汇聚成江、河、湖,填平地球的沟壑洼地最终形成海洋。

二是来自天外彗星、天外的陨石、冰块和雪球。在浩瀚的太阳系中,存在着许多小行星和彗星。在漫长的历史长河中,行星或者彗星多次撞击地球,而这些行星和彗星会带着外太空的水造访地球,给地球带来大量水资源。

▼行星撞击地球

2.2 海洋的变迁

"少年安得长少年,海波尚变为桑田"。在地球历史中沧海桑田经常发生,并且科学家找到了大量海陆变迁的证据。

海洋会变为陆地,陆地也会变为海洋,这种"沧桑之变"是发生在地球上的一种自然现象。地球内部的物质总在不停地运动着,构造板块的运动、碰撞、挤压等,使得地壳有时上升,有时下降。靠近大陆边缘的海水比较浅,如果地壳上升,海底便会露出,形成陆地;相反,海边的陆地下沉,便会成为海洋。有时海底发生火山喷发或地震,形成海台、海山、海脊,它们如果露出海面,也会成为陆地。因此,这种"沧海桑田"的变化,在地球上是普遍进行着的一种自然过程。

陆地上的海洋生物化石见证了"沧海桑田"的变化。如果陆地上

▲海洋生物化石

▲海洋双壳化石

2 运动的海洋

▲曾经的海洋平原，现今变成沙漠中的孤岛

发现了海洋动物化石，说明远古某个时期这里是海洋，如珠穆朗玛峰出现古生代奥陶纪海洋化石，表明在4亿年前那里曾是一片汪洋大海。

对比古今地球的海洋变化，可以发现全球的海洋和陆地是不断变化的，而这种变化可以从化石的分布区域看出。比如在宽广的大西洋两岸的南美洲和非洲发现了同一种恐龙化石，但是这种恐龙不可能从一个大陆跨过茫茫大海到另一个大陆生存。唯一的原因是大陆板块运动，原本是一块整体的大陆逐渐分开，使得同一种恐龙分布在不同的大陆上；同时也说明大西洋原来并不存在，是后来才形成的。

◎ 大陆漂移的故事

20世纪初的德国气象学者阿尔弗雷德·魏格纳有一次在观察世界地图时，发现南美大陆东侧的海岸线形状和非洲大陆西侧的海岸线形状非常相似，曲折凹凸部分对应。他取下地图，像拼图一样把这两块大陆拼在一起，发现果然非常吻合。这时魏格纳开始思考，说不定大陆原本应该相连在一起，后来才分开，就像冰山漂在海洋上一样漂移开来。

大陆漂移说认为，地球上所有大陆在中生代以前曾经是统一的巨大陆块，称之为泛大陆或联合古陆，从中生代开始分裂并漂移，逐渐达到现在的位置。大陆漂移的动力机制与地球自转的两种分力有关：向西漂移的潮汐力和指向赤道的离极力。较轻的大陆地壳漂浮在较重、黏性的地幔之上，由于潮汐力和离极力的作用使泛大陆破裂并与地幔分离，向西、向赤道进行大规模水平漂移。

下面一起来看看从5.2亿前的海洋如何一步步演变成今天的海洋。

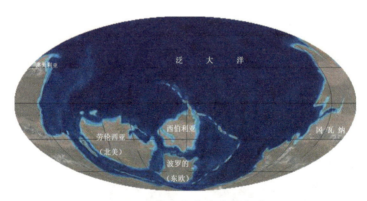

▲5.2亿年前地球的海洋分布

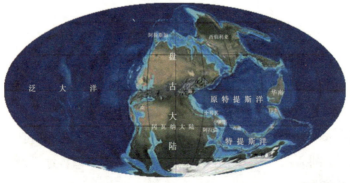

▲5000万年前地球的海洋分布

2 运动的海洋

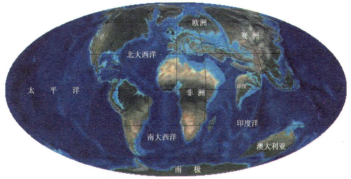

▲ 2000万年前地球的海洋分布

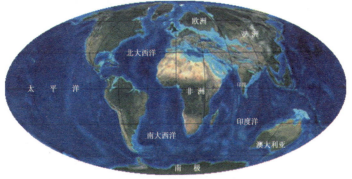

▲ 现在地球的海洋分布

◎ 威尔逊旋回

大洋从陆地分离时开始形成到大陆拼接在一起的整个过程称为海洋的威尔逊旋回。这个过程分为6个阶段，即胚胎期、幼年期、成年期、闭合期、终结期、衰退期。

海洋的威尔逊旋回由大陆岩石圈崩裂开始，以裂谷为生长中心的雏形洋区渐次形成洋中脊，继续生长后出现洋盆进而成为大洋盆，而后大洋岩石圈向两侧的大陆岩石圈俯冲、消亡，洋壳进入地幔后受高温得以重熔，从而洋盆闭合缩小，最后发生大陆渐次接近形成内海，直至陆块与陆地碰撞，出现造山带，拼合成大陆的过程。为纪念加拿大地质学家威尔逊而将海洋生长的旋回命名为威尔逊旋回。

蓝色海洋的变迁

胚胎期：大陆开始分离，海水进入，海洋形成，如东非大裂谷。

东非大裂谷

▶ 威尔逊旋回简图

喜马拉雅山脉

闭合期：海洋两边大陆开始碰撞，海洋消失，出现地缝合线和造山带，如喜马拉雅山脉。

2 运动的海洋

幼年期：裂谷不断扩张，初期海洋，如红海、亚…

红海

成年期：海洋的洋中脊开始提供扩张动力，使海洋无限宽广，如大西洋。

大西洋

：大陆分离—海洋形成—海
碰撞—内陆海形成—陆陆碰撞

太平洋

地中海

衰退期：海洋地壳与大陆地壳开始碰撞，形成岛弧，海面开始缩小，如太平洋。

了期：海面不断缩小，
陆海，继续不断挤压
轻山脉，如地中海。

2.3 中华大地沧海桑田

从地球上有生命开始，中华大地也经历了亿万年沧海桑田的巨变。例如，中国科学工作者在喜马拉雅山脉研究地质构造和岩石特征时发现岩石中含有大量的鱼、海藻、海螺等海洋生物化石，海洋生物化石怎么跑到世界屋脊平均海拔4000米以上的喜马拉雅山脉上去了，难道喜马拉雅山脉也是海洋变成的？

原来早在20亿年前，喜马拉雅山脉的广大地区是一片汪洋大海，称古地中海。到新生代早期古近纪末期，地壳发生了一次强烈的造山运动，在地质上称为"喜马拉雅运动"，使这一地区逐渐隆起、抬升，形成了世界上最雄伟的山脉。

在中华大地上，可以在陆地上多个地方找到海洋生物化石，这是因为中华大地在亿万年以来，一直上演着沧海桑田的变迁。中华大地是怎么从海洋变成陆地的呢？

5.2亿年前的中华大地四周基本为海洋所包围，中华大地只见少量陆地出露，其余地方为海洋。

从早寒武世开始，经过中—晚志留世，北方陆地范围不断扩大，而南方海岸面积则相对较大。

2.6亿年前北方大陆基本形成，南方依然一片沧海；在距今7000万年的时候，中国大陆基本形成，伴随着内陆海的形成；在距今5000万—4000万年的地质历史时期，地球上发生一场大规模的造山运动——喜马拉雅造山运动。在这次造山运动的影响下，喜马

2 运动的海洋

拉雅山脉崛起，大陆开始形成。随着板块构造的持续挤压，中国大陆逐渐形成现今的地貌特征。

▲天津贝壳堤

天津的贝壳堤证明天津是一块"退海之地"，它是距今 10 000—5000 年前，由于渤海发生海陆变迁形成的，其中所含贝壳达数十种，按层序分布排列，绵延数十千米。

考古学者在台湾西部地区发现了许多远古时期生活在大陆的剑齿象、四不象（麋鹿）等大型哺乳类动物化石，这些动物本不会游泳，无疑表明台湾与大陆曾经是紧挨在一起的。

台湾海峡底部有不少海底峡谷，酷似陆地上蜿蜒曲折的河谷，而且海底峡谷的两岸也保存着三级阶梯。此外，遍布台湾海峡的100多个大大小小的岛屿也都记录着地壳变化、海水侵入的种种印迹。种种证据证实中华大地经历了海陆变迁、沧海变桑田的演变。

在武汉汉阳锅顶山，遍地的古生物化石就是武汉地质巨变的最好见证。被称为湖北最早鱼类的"汉阳鱼"，就因发现于汉阳锅顶山而命名。这种生存在4.5亿年前地球海洋中的远古鱼类，还没有进化出脊椎，也没有牙齿。从山上裸露的鱼类与植物化石，可以清晰印证，在地质演化史中，武汉

▲武汉"汉阳鱼"化石

地区曾是一片浅海。

熙宁七年（公元 1074 年），沈括的《梦溪笔谈》中有记录，大概意思是：我奉命出使河北，沿着太行山向北走，太行山山崖中间，常常嵌有螺蚌壳以及像鸟卵一样的石子，横贯在石壁中间如同一条长带子。这里应当是昔日的海滨，而现在东边距离海已经将近千里了。这里，他观

▲太行山麓海洋生物化石

察到太行山岩石中夹杂有大量海生动物的化石，这些化石都呈现出带状的沉积形态，从而推断出这里曾经是东海海滨。这符合现代地质学关于太行山古陆地在地质史上曾多次遭受海侵的结论。

2.4 海水的运动

地球经历了 46 亿年演化，但海水永不干涸，这是为什么呢？

首先，海洋中的水经过蒸发后水蒸气在大气中形成云；其后，云层经过地球各地形成降雨和降雪等回到地表；最后，地表汇集成江、河、湖，再流入大海完成一个循环。因此，海水在长期反复循环过程中不会变多也不会变少，但是如果南极和北极的永久冰川融化后海水会大量增多，海平面会上升，现今世界海平面上涨幅度年均为 2～3 毫米。

海洋在地球表面分布广泛，在海水的循环过程中对地球的气候有着巨大的影响。夏天地球离太阳近，海水大量蒸发，海洋吸收大

2 运动的海洋

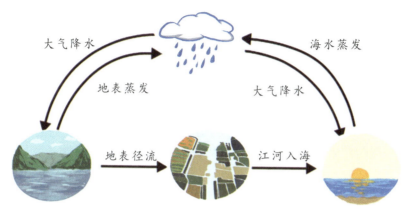

▲海水循环示意图

量的热量，保证地球温度不会太高；冬天地球远离太阳，海洋大量放热，从而保证地球温度的适宜。因此，海洋是调节气候的大师，人类的生存离不开海洋对地球气候的调节。而海洋调节气候的主要方式是海水运动。

海水运动有3种形式：波浪、潮汐、洋流。

◎ **波浪**

受海风的作用和气压变化等影响，海水离开原来的平衡位置，而发生向上、向下、向前和向后4个方向的运动，这就形成了海上的波浪。波浪是一种有规律的、周期性的起伏运动。

当波浪涌上岸边时，由于

▲拍岸浪

海水变浅,下层水的上、下运动受到了阻碍,受惯性的作用,海水形成的波浪一浪叠一浪,越涌越多,且一浪高过一浪。与此同时,随着海水的变浅,下层水运动所受阻力越来越大,以至于到最后,它的运动速度慢于上层水的运动速度,受惯性作用,波浪最高处向前倾,撞击到海滩上,就变成飞溅的浪花,当一浪高过一浪,形成有规律的排浪时,人们利用它开展冲浪运动。

海浪有着强大的冲击力量,由于波浪日积月累的拍打,形成了各种各样的海岸地貌。随着时间的推移,海岸线会由于海浪的拍打和侵蚀向陆地推移。

▼ 海浪

2 运动的海洋

◎ 潮汐

由于太阳、月球两个天体对地球的万有引力作用，在天体运动的过程中，对海水的引力作用形成周期性变化，从而引起潮汐。由于月球距离地球近，对地球的引力作用远远大于太阳对地球的引力作用，因此海洋的潮汐现象主要受月球的影响。

▲地球与月球

潮汐现象是沿海地区的一种自然现象，人们习惯上把海面垂直方向涨落称为潮汐，而海水在水平方向的流动称为潮流。我们的祖先为了表示海水的涨落，把发生在早晨的涨潮叫潮，发生在晚上的落潮叫汐。这就是潮汐名称的由来。

▼钱塘江大潮

我国著名的潮汐运动就是钱塘江大潮。钱塘江大潮的形成原因有3个方面：第一，每年的农历八月十六日至十八日，太阳、月球、地球几乎在一条直线上，所以这几天海水受到的引潮力最大；第二，钱塘江酷似肚大口小的瓶子，潮水易进难退，潮水从钱塘江口涌进来时，由于江面迅速缩小，使潮水来不及均匀上升，就只好后浪推前浪，层层相叠；第三，沿海一带常刮东南风，风向与潮水方向大体一致，助长了潮势。于是每年都有钱塘江大潮的盛况，国内外数万游客从四面八方纷至沓来，聚集到浙江省海宁镇，争睹钱塘江那犹如千军万马、排山倒海的涌潮壮观。

◎ 洋流

洋流又称海流，是海水沿一定路径的大规模流动。引起海流运动的因素可以是风，也可以是热盐效应造成的海水密度分布的不均匀性。前者表现为作用于海面的风应力，后者表现为海水中的水平压强梯度力。加上地转偏向力的作用，便促成海水既有水平流动，

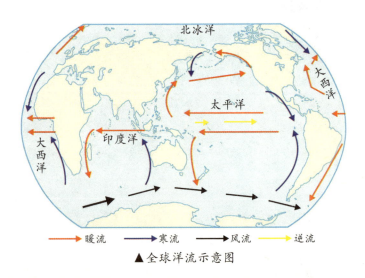

▲ 全球洋流示意图

2 运动的海洋

又有垂直流动。温度的变化同样能够引起洋流变化,温度高的海水上升,低温海水下降,进而引起洋流运动。

◎ 厄尔尼诺

厄尔尼诺现象是发生在热带太平洋海温异常增暖、洋流异常的一种气候现象。大范围热带太平洋海水增暖,会造成全球气候的变化,但这个状态要维持3个月以上,才认定是真正发生了厄尔尼诺事件。在厄尔尼诺现象发生后,拉尼娜现象有时会紧随其后,拉尼娜现象就是太平洋中东部海水异常变冷的情况。拉尼娜现象是厄尔尼诺现象的反相,也称为"反厄尔尼诺"或"冷事件"。厄尔尼诺具有周期性,大约每隔7年出现一次。1998年我国全流域特大洪水以及2008年南方大雪都是受厄尔尼诺现象影响产生的。

2.5 海洋地貌

海水为雕刻地表提供了强大的动力,使海洋形成了鬼斧神工般的地貌景观。在海水的运动中,海水对海岸和海底不断地侵蚀和冲刷,出现了形态各异的海洋地貌。海洋地貌可以分为海岸地貌与海底地貌。

◎ 海岸地貌

根据海岸地貌的基本特征,可分为海岸侵蚀地貌和海岸堆积地貌两大类。

海岸侵蚀地貌是岩石海岸在波浪、潮流等不断冲刷侵蚀下所形

▲海岸侵蚀地貌

▲海岸堆积地貌

成的各种地貌。

海岸堆积地貌是近岸物质在波浪、潮流和风的搬运下,沉积形成的各种地貌。按海岸的物质组成及其形态,可分为基岩海岸、砂砾质海岸、粉砂淤泥质海岸、生物海岸等。

▼海底地貌示意图

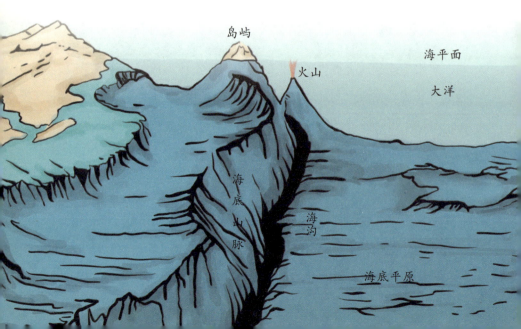

2 运动的海洋

◎ 海底地貌

在陆地上我们可以看到高山、丘陵、峡谷等，那么海底有什么地貌呢？海底地貌是海水覆盖下的固体地球表面形态的总称。

海底地貌有高耸的海山、起伏的海丘、绵延的海岭、深邃的海沟，也有坦荡的深海平原。一起来看看。

大洋盆地：位于大洋中脊与大陆边缘之间，一侧与大洋中脊平缓的坡麓相接，另一侧与大陆隆起或海沟相邻，占海洋总面积的45%。

大陆边缘：为大陆与洋底两大台阶面之间的过渡地带，约占海洋总面积的22%。

大洋中脊：又称中央海岭，在地貌上是一条在大洋中延伸的海底山脉，在太平洋、大西洋、印度洋和北冰洋内连续延伸，成为环

▼海底地貌——大洋中脊

 蓝色海洋的变迁

球山系,总长度约 60 000 千米;在地质上,是一种巨型构造带,断裂特别发育。大洋中脊是地幔对流上升形成的,是板块分离的部位,也是新洋壳开始生长的地方。大洋中脊顶部的地壳热量相当大,是地热的排泄口,常伴有火山活动,地震活动也很活跃。

海底山脉:为绵延于海底的大洋中脊和海岭,在构造上为板块的生长扩张边界。海底山脉的山顶高出大洋盆地 2～3 千米,宽

▼ 海底地貌——海沟

2 运动的海洋

1000～1500千米。横剖面具有双峰特点,双峰间为中央裂谷,裂谷宽几十千米,相对深约1～2千米。

洋盆:在大洋的底部中间裂开,在裂开处炙热的岩浆从洋壳下涌出,遇到海水就立即降温冷却形成岩石。在漫长的地质年代里,那些塌陷的部分就形成了大大小小的洋盆。

▼海底地貌——海底山脉

3 生命的海洋

科学家研究证实,地球的生命从海洋诞生。那么海洋是怎样出现生命的?又是如何进化的?最后生命是如何从海洋演化到陆地上的呢?让我们一起来追溯海洋生命的足迹。

3.1 生命的诞生

寻根求源，大海就是我们人类的故乡。生命离不开水的存在，生命的诞生就是从海洋开始。

今天的海洋生物是38亿年进化的结果。

生命诞生有3个关键条件。

物质基础：碳、氢、氧、氮、磷、硫。

充足能源：火山、大气放电、行星撞击。

孕育环境：海水——最初的海洋。

原始生命的诞生▶

3 生命的海洋

在原始地球形成初期，地球的物质以及能量还未达到平衡，高温高压及放电现象时常发生。地球上存在的碳、氢、氧、氮、磷、硫等元素在极端条件下首先在原始海洋中形成了有机物，特别是蛋白质等大分子。大约在38亿年前原始生命细胞在大海中形成，至此地球上的生命开始孕育。

生命的起源一直是科学家们研究的前沿课题，关乎着人类的进化。从现代的研究成果看，人们普遍认为生命起源于海洋。水是生命活动的重要成分，海水的运动让海洋成为了孕育生命的摇篮。

原始生命：
能生长、繁殖、遗传等

原始地球：
火山喷发

原始单细胞生物

有机大分子：
蛋白质、核酸等

原始海洋：
水、氮、氢、氨、甲烷等

有机小分子：
氨基酸等

现代海洋生物

▲ 生命形成过程

生命诞生大约在38亿年前，当地球的陆地还是一片荒芜时，咆哮的海洋中就开始孕育了生命——最原始的细胞，其结构和现代细菌很相似。大约经过了1亿年的进化，海洋中原始细胞逐渐演变成为原始的单细胞藻类，这大概是最原始的生命。

由于原始藻类的繁殖，并进行光合作用，产生了氧气和二氧化碳，为生命的进化准备了条件。这种原始的单细胞藻类又经历了亿万年的进化，产生了原始水母、海草、三叶虫、鹦鹉螺、蛤类、珊瑚等。海洋中的鱼类大约是在4亿年前志留纪出现的，称为"鱼类时代"，从此海洋生物大爆发来临了。

 ## 海洋霸主的更迭

"天地悠悠，过客匆匆"，在历史的长河中，海洋霸主经历了多次演变，从化石遗迹来判断可分为5个阶段（见下表）。

◎ 距今38亿年至5.41亿年：菌藻生物时代

这个时期生命刚刚形成，没有动物，所以菌藻类大量繁殖，海洋里面只有菌藻（蓝绿藻）。该时代最早的海洋统治者为多细胞动物群（埃迪卡拉动物群），包括腔肠动物、环节动物、节肢动物等。

◎ 距今5.41亿年至4.19亿年：海洋无脊椎动物时代

海洋无脊椎动物时代生物主要为三叶虫、珊瑚、腕足、头足动物等，当时的海洋条件已经适合于它们生存，给三叶虫等带来了丰富的食源。在那时的海洋中，海洋动物还没有遇到有力的竞

3 生命的海洋

争对手,因此它们横行霸道,迅速发展,该时代的寒武纪又被称为"三叶虫时代"。

◎ 距今4.19亿年至2.52亿年:鱼类、两栖类动物时代

这个时期地球海洋霸主更迭,软体小动物繁盛,使得鱼类和两栖类食物充足,发展迅猛。其中,鱼类在泥盆纪称霸海洋,两栖动物也开始在距今3.7亿年时登陆陆地,在陆地、海洋同时繁盛。

◎ 距今2.52亿年至6600万年:海洋爬行动物时代

主要动物有鱼龙、蛇颈龙等,这个时代的大型动物没有天敌,食物来源充足,鱼龙是当时最厉害的攻击动物,称霸统治海洋很久。

◎ 距今6600万年至今:鱼类、哺乳类和软体动物时代

现今的海洋霸主多样,主要是各种鱼类、哺乳类、软体动物等,在海洋中和谐生存。在地质历史长河中,任何海洋霸主都不会长久地存在,都会被替代。因此,尽管人类存在地球不过几千年,与海洋霸主存在的时间相比如昙花一现。

蓝色海洋的变迁

◇海洋霸

时间	距今38亿年至5.41亿年	距今5.41亿年至4.19亿年
地质年代	寒武纪以前	寒武纪、奥陶纪、志留纪
生物时代划分	菌藻生物时代	海洋无脊椎动物时代
海洋霸主生物	多细胞动物群	三叶虫、珊瑚、腕足、头足动物
典型化石	埃迪卡拉动物群中的狄更逊水母	三叶虫化石

3 生命的海洋

览简表◇

距今 4.19 亿年至 2.52 亿年	距今 2.52 亿年至 6600 万年	距今 6600 万年至今
盆纪、石炭纪、二叠纪	三叠纪、侏罗纪、白垩纪	古近纪、新近纪、第四纪
鱼类、两栖类动物时代	海洋爬行动物时代	鱼类、哺乳类和软体动物时代
螺、沟鳞鱼、鲨鱼	鱼龙、蛇颈龙等	鲸鱼
鹦鹉螺化石	蛇颈龙化石	鲸鱼化石

蓝色海洋的变迁

3.3 海洋生物的迁徙

海洋生物的迁徙对地球的生命演化非常重要，是两栖动物向陆地爬行动物进化的历史转折。

◎ 迁徙原因

原始陆地没有生物存在，海洋藻类的诞生，使得藻类在海水中分布广泛，在近海区域，随着海水的潮起潮落，部分藻类留在海滩上，为了生存，藻类便开始适应陆地环境，进化为蕨类植物。从此，海洋生物正式登陆陆地。

▼ 绿藻登陆陆地成为原蕨植物

3 生命的海洋

◎ 迁徙结果

"兵马未动,粮草先行"。4亿多年前植物界离开海洋,征服大陆。海洋生物——藻类的登陆,使得陆地植物大量繁殖,从海藻到原蕨植物,再到裸子植物,最后的被子植物,多样丰富的植物为海洋动物登陆提供了物质基础。

◎ 迁徙结局

3.7亿年前,由于近海环境以及食物的影响,海洋动物开始向陆地迁移。从鱼类到两栖类,再到陆地爬行类,促进了地球生命的多样性。

现代海洋生物

◎ 海洋生物分类

海洋生物种类繁多,包括海洋动物、海洋植物、微生物及病毒等,其中海洋动物包括无脊椎动物和脊椎动物。目前已知的海洋生物约有21万种,加上未知的预计有210万种。

海洋动物:已知的约有20多万种,其中海洋鱼类已命名的有15 304种,预计超过20 000种。

海洋植物:以藻类为主,其中硅藻门最多,达6000种,原绿藻门最少,只有1种。藻类和沿岸种子植物达1万多种。

海洋微生物和病毒:海洋微生物来自海洋环境,其正常生长需要海水,可在贫营养、低温条件(或高压、高温、高盐等极端环境)

下长期存活并能持续繁殖子代。海洋微生物主要包括真核微生物（真菌、藻类和原虫）、原核微生物（海洋细菌、海洋放线菌和海洋蓝细菌等）和无细胞生物（病毒）。迄今为止，人类发现的微生物大约有 150 万种，除了 72 000 种在陆地生存，其余的全部在海洋中。

目前仍在不断发现新的海洋物种，据统计平均每周约发现 3 种新的海洋物种。

据海洋科技工作者的调查统计，我国管辖海域共有 20 278 种海洋生物，属于 5 个生物界，44 个生物门。其中海洋动物种类最多（12 794 种），原核生物界最少（229 种）。

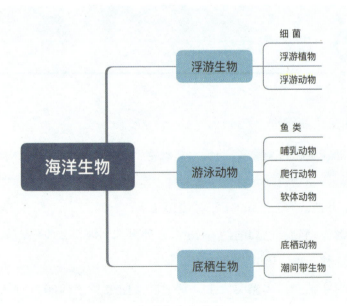

▲海洋生物分类图

3 生命的海洋

◎ 海洋生物之最

最大的海洋生物——鲸鱼

鲸鱼是海洋哺乳动物，是目前海洋最大生物，出现在5000万年前，目前有80余种，最大的长达30余米。其中，最大的鲸种类为蓝鲸，目前捕到的最大蓝鲸长33.5米，体重195吨，相当于35头大象的重量。

▲蓝鲸

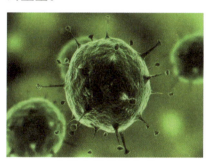

▲最小的海洋生物

最小的海洋生物

澳大利亚海底约4.8千米深处砂岩中挖出最小的海洋生物，长只有20/1 000 000 000米到150/1 000 000 000米。

最聪明的海洋动物——海豚

海豚，它是世界上最聪明的海洋动物。经过训练，海豚能完成各种高难度的动作，比如：顶球、跳圈、空翻等。它是除了我们人类之外，大脑最发达的海洋动物。

▲海豚

最耐寒的海鸟——企鹅

▲企鹅

南极海域生长着世界上最耐寒的鸟，它就是企鹅。企鹅身上有厚厚的羽毛，使得海水无法透进去，还能起到很好的保温作用。所以，企鹅能在-60℃的地方生活。它的食物主要是磷虾、乌贼、小鱼。

唱歌最好听的海洋动物——白鲸

白鲸，是海洋生物中歌声最动听的。它能发出几百种声音，而且发出的声音变化多端，被称为"海洋金丝雀"。

▲白鲸

游泳最快的鱼——旗鱼

旗鱼，外形扁平，呈流线型，肌肉发达，最大的旗鱼长达数米，重达上百千克。它游泳非常快，每小时能游100千米，还可潜入到800米深的海底。

▲旗鱼

3 生命的海洋

长得最奇怪的马—— 海马

海马，是一种小型的海洋生物，身子只有 5～30 厘米长。它头部像马，尾巴像猴，眼睛像变色龙，还有一条长长的鼻子。你们看，左边就是它的样子。

▲海马

产卵最多的鱼——翻车鱼

它经常翻着身子躺在水面上晒太阳，所以人们就把它叫作翻车鱼。它看起来就像只有头没有身子一样。它的身体最长有 5 米，最重有 4 吨，一次产卵，数量可以达到 3 亿个。

▲翻车鱼

我们现在在海洋馆内可以看到各种各样的海洋动物和海洋植物，特别是珍稀的海洋动物、植物，需要我们人类的精心照顾和保护，需要了解海洋动植物的生活习性。例如：海豚能够在人的指导下做各种可爱的动作和发出不同的声音。只有了解清楚了海洋动植物的本性，人类才能与海洋动植物和谐相处。

▲ 海洋馆里的海洋生物

◎ 海洋生物生存法则

海洋生物的生存是非常艰难的。在海洋中生存需要遵守下面3个生存法则。

大鱼　吃　小鱼　吃　虾　吃　浮游动物　吃　浮游植物

生存法则：觅取食物，不被吃掉。

竞争法则：大鱼吃小鱼，小鱼吃虾米。

自然法则：可以吃，必须吃。

3 生命的海洋

"物竞天择，适者生存"。海洋生物在长期生活的大海里建立了生存金字塔。

深海海洋动物生存必须满足两个条件。

一是食物来源。海洋生态链是以小型浮游生物为基础建立起来的，深海中几乎没有小型浮游生物，因而建立起生态链极为困难。但这也不是很严重的问题，在深海中，有许多像雪花一样的物体在飘落下沉，其中有矿物结晶，也有许多是上层海洋生物死亡后的碎屑，这些碎屑都可以作为深海生物的营养来源和生存基础。另外，深海中也有一些独立于上层海洋生物的生态系统。如海底火山附近，有以深海自养型微生物和管状蠕虫为基础的深海局部生态系统，其中以耐高温的蠕虫和虾、蟹类为主。一旦有深海海底火山喷发，这样的生态系统很快就能建立起来；而一旦海底火山停止喷发，这类小型局部生态系统也会随之解体。

二是深海水压。生存于深海的海洋动物都能够适应深海水压，它们的体内压力与外界水压是平衡的。当然，它们也只能在深海高水压的地方生存，到不了浅海。这也是浅海动物到不了深海，而深海动物也到不了浅海的原因。经常能看到这样的情形，深海鱼类在打捞出水后，其内脏会从口中翻出体外，就是因为外界水压突然下降，而体内压力过高，内脏就被内部压力压出体外了。因此，深海动物在打捞出水后，极少有鲜活的。

▲座头鲸食量

4 富饶的海洋

　　海洋孕育着生命，也养育着生命，从海洋中获取的资源无穷无尽，甚至取之不尽，用之不竭。科学合理开发利用海洋资源，构建和谐、生态、绿色的海洋世界是人类努力的方向。

蓝色海洋的变迁

4.1 海水成因分析

海洋物产丰富，用"取之不尽、用之不竭"来形容海洋中的一些资源并不为过，比如海水资源、鱼类资源等，海洋就是生命的摇篮，对地球慷慨地奉献，对人类更是无私地给予。富饶的海洋包括大量海洋生物，海水矿物和海底矿产资源等。这些丰富的资源都得益于海水的特性。下面我们来探讨海水的成因。

去过海边或者下海游玩的人都知道，海水非常咸，并且苦涩，

▲海水中盐的来源

4 富饶的海洋

这是什么原因？因为海里面有很多盐，那么盐从哪里来呢？主要从5个途径形成：海浪侵蚀、火山喷发、生物遗骸降解、河流带入、海底沉积岩溶解。

不妨作这样一个设想：如果将海水中的盐分全部提炼出来铺在世界陆地上，将会有153米厚，也就是足足40层楼的高度。如果将这些总体积23 000立方千米的盐倒入北冰洋，填平整个洋面还绰绰有余。

海水中的盐究竟是从哪里来的？这个看似简单的问题，却让众多科学家长期争论不休。它几乎同令人望而生畏的"地球海水起源"问题一样，始终是个难题。直到今天，人们对这一问题的研究从来没有停止过，但意见也从来没有一致过。

▲海盐

绝大多数科学家认为，海水中的盐绝对不会是来源于某个单一方面，不过他们强调的重点有所不同。

一些人认为，海盐主要是海洋中的"原生物"。在地球刚形成时，有过大降雨和火山爆发，火山喷发出来的大量水蒸气和岩浆里的盐分随着流水汇集成最初的海洋，海水天然地就有了咸味。不过，那时的海水并没有现在这样咸。后来，随着海底岩石可溶性盐类的不断溶解，加上海底火山不断喷发出盐分，海水逐渐变得越来越咸。

另外一些人坚持，海盐主要是陆地上河流流向大海的途中，不断冲刷泥土和岩石，把溶解的盐分带到了大海之中。据估计，全世界每年从河流带入海洋的盐分十分可观，仅美国每年随河流入海的就有 12.25 亿吨被完全溶解的泥土沙石和 5.13 亿吨未完全溶解

▲水土流失

的悬浮颗粒。而据世界环保组织提供的数据，澳大利亚平均每年每平方千米有 6 吨的水土流失，欧洲则高达每年每平方千米 120 吨。通观全球，地表径流每年给大海送去了约 400 万吨的盐分。自开天辟地第一场降雨以来，地球上的土壤和岩石已经经历了数亿年的雨水冲刷，大量的矿物质随之入海，海水必然变得越来越咸。

4.2 丰富的海洋资源

　　海洋是人类资源的聚宝盆。经过几十年的勘探研究调查，人类进一步加深了对海洋资源的种类、分布和储量的认识。
　　海洋能为人类提供哪些资源呢？从目前来看有海洋空间资源、海洋生物资源、海水资源、海洋动力资源、海洋旅游资源、海洋矿产资源等。

◎ 海洋空间资源

　　长期以来，海洋空间资源主要用于交通运输（世界总外贸货运中海运量约占 82%）。早在明朝时期，我国郑和七下西洋就开辟了

4 富饶的海洋

海洋的空间资源。

20世纪60年代后,海洋逐渐变成生活与生产的空间,如人工岛、海上城市、工厂、旅游设施以及海底军事基地等。

例如2012年,我国海南省三沙市南沙区美济村正式成立,这也是中国最年轻的行政村。中国渔民常年居住在此进行远洋渔业捕捞和网箱养殖。美济礁是南海重要的渔业基地之一。

2016年底南方航空第一架飞机降落在美济礁上,标志着岛上人员生活得到改善。

▲美济礁人工岛

一桥横贯东西,连贯三地,中国港珠澳大桥是中国境内在海上建立的一座连接香港、珠海、澳门长达35千米的桥隧工程。港珠澳大桥于2009年12月15日开工建设,2018年10月24日正式开通。大桥的建成消除了珠江西岸城市与香港的陆路联系障碍,促进珠三角西部的外向型经济发展,成功打造了一个"3小时经济圈"。

▲港珠澳大桥

◎ **海洋生物资源**

　　海洋中的生物种类繁多，这里主要指海洋中有经济价值的动物和植物。海洋为人类提供食物的能力为陆地上的 1000 倍，每年提供的水产品可供 300 亿人口食用。

▼渔民出海捕鱼

4 富饶的海洋

海洋生物不仅仅只是提供食物,而且还能提供重要的医药原料和工业原料,同时海洋动物工艺品也已成为一种产业。

海洋生物中的海产品对人类最为重要。海产品是由水产资源丰富、海洋生物繁茂、海洋底质平坦、水文和气象适于海上作业等诸多因素决定的,并随着渔业的发展而发展。综合各种因素考虑,世界有五大渔场,即东北大西洋渔场、东南大西洋渔场、西北大西洋渔场、北太平洋渔场、东南太平洋渔场。

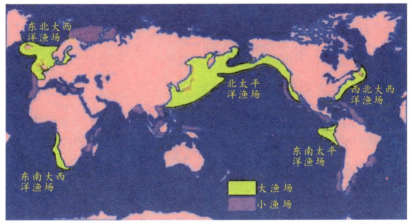

▲世界五大渔场分布示意图

中国近海海流系统复杂,岛礁广布,局部还有上升流等现象,水产资源潜力很大。仅大陆架渔场面积就有150万平方千米,约合22亿亩,为世界浅海渔场的1/4,居世界第一位。据估测,我国近海鱼类生产力年产约为1500万吨。我国沿海的主要渔场大致有以下10个:石岛渔场、大沙渔场、吕四渔场、舟山渔场、闽东渔场、闽南－台湾浅滩渔场、珠江口渔场、北部湾渔场、西沙群岛渔场、南沙群岛渔场。

中国海洋鱼类有1700余种，其中经济鱼类约300种，沿海藻类约2000种，虾、蟹类近300种，经济软体动物约200种。盛产小黄鱼、鳕鱼、太平洋鲱、带鱼、乌贼、金枪鱼、鲣、旗鱼、鲨鱼、海龟、玳瑁等。

海洋中生物种类繁多，多数生物具有药用价值，功效奇特，海洋药物资源对人类来说非常宝贵。

例如鲍鱼可平血压，治头晕眼花症；海蜇可治妇人劳损、积血带下及小儿风疾丹毒；海马和海龙可补肾壮阳、镇静安神、止咳平喘；龟血和龟油可用于治哮喘、气管炎；海藻可用于治疗喉咙疼痛等；海螵蛸是乌贼的内壳，可治疗胃病、消化不良、面部神经疼痛等症；珍珠粉可止血、消炎、解毒、生肌等，人们常用它滋阴养颜；用鳕鱼肝制成的鱼肝油，可治疗维生素A和D缺乏症；海蛇毒汁可治疗半身不遂及坐骨神经痛等。另外，人们还从海洋生物中提取出了一些治疗白血病、高血压、骨折、天花、肠道溃疡和某些癌症的有效药物。

这里要特别提海马的药用作用。海马行动迟缓，却能很有效率地捕捉到行动迅速、善于躲藏的桡足类生物，分布在大西洋、欧洲、太平洋、澳大利亚。它具有补肾壮阳、活血散瘀、抗衰老、防治癌症的作用。

▲海马

海参是生活在海边至8000米远的海洋棘皮动物，距今已有6亿多年的历史，以海底藻类和浮游生物为食。中国南海沿岸的海参种类较多，约有20余种可供食用。

海参不仅是珍贵的食品，也是名贵的药材。据《本草纲目拾遗》

4 富饶的海洋

中记载：海参，味甘咸，补肾，益精髓，摄小便，壮阳疗痿，其性温补，足敌人参，故名海参。海参具有提高记忆力、延缓性腺衰老、防止动脉硬化以及抗肿瘤等作用。

▲海参

乌贼出现于2100万年前的中新世，祖先为箭石类，特征为有一厚的石灰质内壳。乌贼不但味感鲜脆爽口，具有较高的营养价值，而且富有药用价值。按照中医理论，乌贼具有养血、通经、催乳、补脾、益肾、滋阴、调经、止带之功效，可用于治疗妇女经血不调、水肿、湿痹、痔疮、脚气等症。

▲乌贼

◎ 海水资源

海水资源非常丰富，不仅能够提供物质，还能提供能量。在水体污染严重、淡水资源严重缺乏的今天，海水淡化是开发新水源、解决沿海地区和岛屿淡水资源紧缺的重要途径。

海水淡化即利用海水脱盐生产淡水，海水淡化是实现水资源利用的开源增量技术，可以增加淡水总量，且不受时空和气候影响，可以保障沿海地区和岛上居民饮用水和工业锅炉补水等稳定供水。

全球海水淡化日产量约3500万立方米，其中

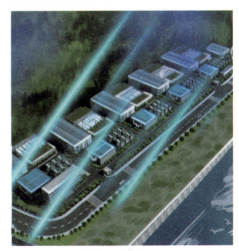
▲海水淡化工厂

80%用于饮用水,解决了1亿多人的供水问题,即世界上1/50的人口靠海水淡化提供饮用水。全球有海水淡化厂1.3万座,海水淡化作为淡水资源的替代与增量技术,愈来愈受到世界上许多沿海国家的重视。

全球直接利用海水作为工业冷却水总量每年约6000亿立方米,代替了大量宝贵的淡水资源;全世界每年从海水淡化中提取盐5000万吨、镁和氧化镁260万吨、溴20万吨等。海水淡化需要大量电能量,所以在非发达国家的经济效益并不高。

中国海水淡化虽基本具备了产业化发展条件,但研究水平和创新能力、装备的开发制造能力、系统设计和集成等方面与国外仍有较大的差距,当务之急是尽快形成中国海水淡化设备市场的完整产业链。围绕制约海水淡化成本降低的关键问题,发展膜与膜材料、关键装备等核心技术,研发具有自主知识产权的海水淡化新技术、新工艺、新装备和新产品,提高关键材料和关键设备的国产化率,增强自主建设大型海水淡化工程的能力。

目前,我国规模较大日产万吨、10万吨以上海水淡化厂有:浙江舟山市普陀区淡化厂、青岛百发淡化厂、天津新泉淡化厂日

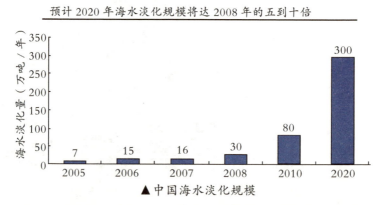

预计2020年海水淡化规模将达2008年的五到十倍

▲中国海水淡化规模

4 富饶的海洋

产15万吨,大港新泉淡化厂日产50万吨,杭州钱塘江开发区淡化厂日产70万吨等。到2020年,我国海水淡化处理能力提升到日产250～300万吨,每年将有9～11亿吨的淡水是由海水转化而来。

◎ 海水动力资源

海水的动力资源主要体现在潮汐发电。在涨潮时将海水储存在海边截断的水库内,将其以势能的形式保存,在退潮时放出海水,利用高潮位、低潮位之间的落差,推动水轮机旋转,带动发电机发电。

当涨潮时,海平面比储水池高,可实现一次涨潮发电;潮水完全进入储水池后,关闭储水池,等到完全退潮时再打开阀门,进行退潮二次发电。由于潮汐发电造价高昂,目前没有大型的潮汐发电厂。

我国第一座潮汐能双向发电站(列世界第三大)——浙江温岭江厦潮汐发电站设计总装机容量3900kW,现装机3200kW,年发电量约为1000万kW·h。1980年5月第一台机组投产发电,30多年来电站一直运转着。

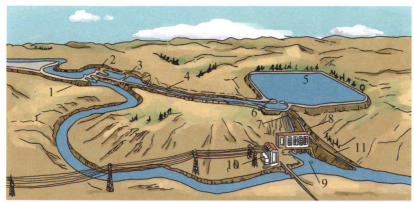

1.坝 2.进水口 3.沉沙池 4.引水渠 5.日调节池 6.压力前池 7.压力管道 8.厂房 9.尾水渠 10.配电所 11.泄水渠

▲潮汐发电示意图

◎ 海洋旅游资源

海洋旅游资源是人类在海滨、海岛和海中，享受海洋的壮阔、环境的优美及生态的和谐等具有开展观光、游览、疗养、度假、休闲、娱乐和体育活动的景观，可尽情享受3S（阳光、沙滩、海水）的乐趣。

▲马尔代夫海滩美景

世界上海洋旅游资源非常多样，尤其是海岛和沙滩空气清新，深受人们的喜爱。海洋旅游是以海洋为旅游场所，以探险、观光、娱乐、运动、疗养为目的的旅游活动形式。海洋辽阔，旅游资源开发潜力很大。

海洋空气中含有一定数量的碘，大量的氧、臭氧、碳酸钠和溴，灰尘极少，有利于人体健康，适于开展各种旅游活动。在海上旅行具有与陆地迥然不同的趣味，游客可在海上观看日出日落，开展划

▼夏威夷海岛美景

4 富饶的海洋

船、海水浴以及各种体育和探险项目，如游泳、潜水、冲浪、钓鱼、驰帆、赛艇等。

◎ 海洋矿产资源

海洋矿产资源非常丰富，按矿床成因和赋存状况可分为砂矿、海底自生矿产、海底固结岩矿产，或陆地向海底延伸的矿产，如海底煤矿、铁矿和一些金属或非金属矿产。

砂矿：主要来源于陆上的岩矿碎屑，经河流、海水（包括海流与潮汐）、冰川和风的搬运与分选，最后在海滨或陆架区的最宜地段沉积富集而成。如砂金、砂铂、金刚石和砂锡与砂铁、钛铁石与锆石、金红石与独居石等共生复合型砂矿。

▲ 海底矿产

海底自生矿产：由化学、生物和热液作用等在海洋内生成的自然矿物，可直接形成或经过富集后形成，如磷灰石、海绿石、重晶石、海底锰结核及海底多金属热液矿（以锌、铜为主）。

海底固结岩矿产：大多属于陆上矿床向海底的延伸，如海底油气资源、硫矿及煤等。在海洋矿产资源中，以海底油气资源、海底锰结核及滨海复合型砂矿经济意义最大。

综合上述可知，海洋矿产资源又可分为：滨海砂矿、海底磷矿、海底锰结核和钴结核、海底多金属软泥、稀土软泥、海底块状硫化物矿床、海底油气藏等。

▲海底可燃冰资源

▲海底金属结核资源

海底油气资源

全世界海底石油储量约为1500亿吨，占世界石油总地质储量的1/3；世界天然气储量255万亿～280万亿立方米，海洋占140万亿立方米。

海底油气藏的形成包括油气的生成、运移和储集等一系列复杂过程。海底沉积物内富含有机残余物，其主要来源为浮游生物（如藻类）和细菌。这些有机碎屑物随同泥沙沉到海底后，富含有机物的细粒沉积在缺氧的条件下开始有机物化学性质的转变，微生物活动是这种转变的主要因素之一。细菌作用产生的甲烷气体可在沉积

4 富饶的海洋

▲海底油气资源开发平台

浅部储层中出现或形成气体水合物。石油生成需要 50～60℃以上的温度、一定的压力和一定的地质时期，这样的条件在埋藏深度大于 1000 米时才能达到。原始有机物质的类型在生成油或气的相对丰度方面起着重要作用。

▲世界海底油气资源分布图

世界各地陆架区和深水陆坡区共发现了1600多个海洋油气田，基本上所有海底都存在油气田资源。现今发现的海底油气田多属于浅中海油气田，深水油气田只有少数国家有技术能力开采。近10多年来，新发现的大油气田有60%以上来自深水区。世界海底油气资源非常丰富，其中70多个是大型油气田，主要分布在上图所示地区。

海底可燃冰资源

天然气水合物，是由天然气与水在低温高压条件下（小于10℃和大于100兆帕）形成的类冰状的结晶物质。因其外观像冰一样，而且遇火即可燃烧，所以又被称作"可燃冰"，或者"固体瓦斯"和"气冰"，其实可燃冰是一种固态块状物。天然气水合物在自然界广泛分布在大陆永久冻土、岛屿的斜坡地带、活动和被动大陆边缘的隆起处、极地大陆架以及海洋和一些内陆湖的深水环境。可燃冰燃烧无任何污染物产生。科学家们认为，一旦开采技术获得突破性进展，那么可燃冰立刻会成为21世纪的主要能源。

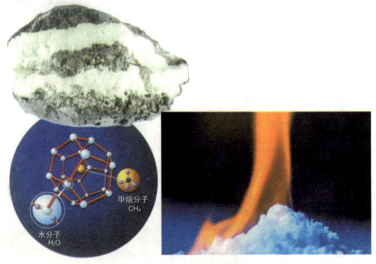
▲ 可燃冰结构图及燃烧形式

4 富饶的海洋

天然气水合物在给人类带来新的能源前景的同时，对人类生存环境也提出了严峻的挑战。天然气水合物中甲烷的温室效应为二氧化碳的 20 倍，而全球海底天然气水合物中的甲烷总量约为地球大气中甲烷总量的 3000 倍。若开采利用不慎，海底天然气水合物中的甲烷气体逃逸到大气中，将产生无法想象的后果，而且一旦条件变化，使固结在海底沉积物中的甲烷气体从水合物中释出，还会改变沉积物的物理性质，极大地降低海底沉积物的工程力学特性，使海底软化，可能会出现大规模的海底滑坡，毁坏海底工程设施，例如海底输电、通信电缆和海洋石油钻井平台等。

2017 年 7 月，中国南海神狐海域天然气水合物首次试采圆满成功，取得了持续产气时间最长、产气总量最大、气流稳定、环境安全等多项重大突破性成果，创造了产气时长和总量的世界纪录。截至 2017 年 7 月 9 日 14 时 52 分，天然气水合物试开采连续试气点

▲中国可燃冰试采平台

火60天,累计产气30.9万立方米,平均日产5151立方米,甲烷含量最高达99.5%。本次试采获取科学试验数据647万组,为后续的科学研究和试采积累了大量翔实可靠的数据资料。

滨海砂矿

在滨海的砂层中,常蕴藏着大量的金刚石、砂金、砂铂、石英、金红石、锆石、独居石、钛铁矿等稀有矿物。因它们在滨海地带富集成矿,所以称为滨海砂矿。滨海砂矿在浅海矿产资源中的价值仅次于石油、天然气,居第二位。

▲滨海砂矿

海底热液矿产

海底热液活动普遍发生在大洋中活动板块边界以及板内火山活动中心,被称为人类认识地球深处活动的窗口,而海底热液活动区中类似"烟囱"状的热液硫化物(一种多金属矿藏)就格外引人关注了。

4 富饶的海洋

"黑烟囱"的成因：海水从地壳裂隙渗入地下遭遇炽热的熔岩成为热液，将周围岩层中的金、银、铜、锌、铅等金属溶入其中后从地下喷出；被携带出来的金属元素经化学反应形成硫化物，这时再遇冰冷的海水凝固沉积到喷出口附近的海底，最后不断堆积成几十米高的"黑烟囱"。在"烟囱"的周围，还生活着许多耐高温、耐高压、不怕剧毒、厌氧的生物群落。这些生物群落有助于科研人员研究极端环境下生物的生存进化方式以及生命起源问题等。

目前已探知的海底热液地区有Mohna海岭、南大西洋海岭、卡尔斯伯格海岭、巴布亚新几内亚的Ambitle岛以及加拉帕戈斯群岛。管状蠕虫是深海海底热液区的代表性生物物种。

▲海底热液矿床（黑烟囱）

5 永恒的海洋

海洋承载了太多文明,记忆了太多历史,海洋创造文明,海洋传播文明。

蓝色海洋的变迁

海洋是我们赖以生存的宝地。在开发、利用、保护、管控海洋方面拥有强大综合实力是成为海洋强国、实现大国崛起的标志。不论在什么时期，海洋都源源不断地为人类提供食物来源、各种资源等，为地球上的生命创造了绝佳的生态条件。因此，作为生命起源的摇篮，海洋对我们人类非常重要，人类只有与海洋和谐相处，对海洋资源科学合理利用，才能使之成为永恒的海洋。

那么，海洋对于人类这么重要，我们应该采取哪些措施和利用哪些方式来开发利用海洋、保护海洋呢？

 开发海洋资源

开发海洋资源的主旨是构建科学、高效、绿色海洋开发格局，建设海洋生态文明，大力发展海洋工程和科技，如深远海调查研究、资源开发与环境保护技术等。

在现代海洋开发活动中，海洋石油和天然气的开发、海洋运输、

▲海洋资源开发示意图

5 永恒的海洋

海洋捕捞、制海盐业以及滨海旅游业的规模与产值巨大。其中，海洋石油和天然气开发已是成熟的产业，正在进行技术改造和进一步扩大勘探开采；海水养殖业、海水淡化、海水提溴和镁、潮汐发电、海上工厂、跨海建桥、海底隧道等正在迅速发展；深海采矿、波浪发电、温差发电、海水提铀、海上城市建设、海底实验室等正在研究和试验之中；另外，人们还在进一步加大对海底矿产资源的开发利用。

 发展海洋经济

从古至今，发展海洋产业经济作为一个国家经济发展的新支柱，海洋发展会同时带动区域经济发展。进入21世纪，我们要以全新的观念重新认识和开发海洋，这必将对人类社会带来巨大变革。

"一带一路"倡仪是"丝绸之路"经济带和21世纪海上"丝绸之路"的简称，2013年9月和10月由中国国家主席习近平分别提出了建设"新丝绸之路经济带"和"21世纪海上丝绸之路"的合作倡议。它将充分依靠中国与沿线有关国家既有的双多边机制，借助既有的、行之有效的区域合作平台，借用古代丝绸之路的历史符号，高举和平发展的旗帜，积极发展与沿线国家的经济合作伙伴关系，共同打造政治互信、经济融合、文化包容的利益共同体、命运共同体和责任共同体。

21世纪海上"丝绸之路"从中国东南沿海出发，经过中南半岛和南海诸国，穿过印度洋，进入红海，抵达东非和欧洲，成为中国与外国贸易往来和文化交流的海上大通道,并推动了沿线各国的共同发展。唐代,我国东南沿海有一条叫作"广州通海夷道"的海上航路,这便是我国海上丝绸之路的最早叫法。

中国的海洋战略是国家用于筹划和指导海洋开发、利用、管理、安全、保护、捍卫的全局性战略,是涉及海洋经济、海洋政治、海洋外交、海洋军事、海洋权益、海洋技术诸领域方针和政策的综合性战略,是正确处理大陆国土和管辖海域发展关系,迎接海洋新时代宏伟目标的指导性战略。海洋战略从属于国家战略,是国家总揽海上方向建设与斗争全局的总方针,是处理国家海洋事务的总战略。

▲新丝绸之路经济带和21世纪海上丝绸之路示意图

5.3 坚决维护海洋权益

海洋权益是国家在其管辖海域内所享有的领海权益和专属经济

5 永恒的海洋

区、司法管辖、资源开发、空间利用、污染管辖、科学研究等。《联合国海洋法公约》规定：领海拥有全部主权，专属经济区内拥有自然资源，公海内各国自由使用。

维护国家海洋权益，从手段和方法上来说，不是一个单一的问题。维护国家海洋权益，需要多种手段和方法，需要全国人民共同的努力。

第一，要有坚定的国家决心。海上权益涉及到国家的主权和核心利益。

第二，维护国家海洋权益，需要有雄厚的经济和技术基础。

第三，维护国家海洋权益，还需要对拥有的海域进行有效管理。

第四，维护国家海洋权益，要有灵活的、强硬的海洋外交政策与手段。当今海上权益纷争在世界范围内都是一个普遍问题，解决这些问题，还要涉及到国家之间的外交谈判磋商。那么解决这些问题，特别是因为历史遗留问题造成的相对复杂的海上权益纷争，就需要灵活的并且绝对强硬的外交手段。

▲领海及专属经济区主权划分示意图

第五,维护国家海洋权益,最根本的、最后的一道保险就是海上力量。

海洋主权不容侵犯,海上领土无论大小均代表神圣的国家主权。就拿1平方千米海岛的战略意义来说,1平方千米海岛的意义并不仅仅只是岛的存在,更重要的是1平方千米海岛周围12海里是属于主权范围,200海里是专属经济区。因此,在海洋上,海岛虽小,但价值大,这种价值除了大众认知的自然资源等经济意义外,更重要的是它代表的主权意义。所以,在主权问题上,一分一毫都不能退让,一寸土地都是国家的主权象征。

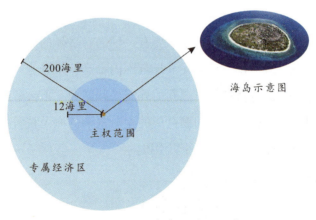

▲ 1平方千米海岛主权范围示意图

5.4 海洋灾害与海洋生态环境保护

人类在开发海洋的过程中,由于不科学利用或过度开发使海洋环境逐渐恶化,海洋污染事件频繁发生。海洋污染破坏了海洋生态

5 永恒的海洋

平衡，对人类的生存也构成了严重威胁。自然环境造成的海洋灾难人类无法抗拒，但是人为因素造成的海洋环境污染值得我们深思。

在长期与海洋相处的岁月里，人类享受到了海洋的便利与好处，同时也遭受到海洋带来的灾害。海洋灾害主要有灾害性海浪、海冰、赤潮、海啸、风暴潮、台风等。

◎ 海啸

海啸是由海底地震、火山爆发、海底滑坡或气象变化产生的破坏性海浪。海啸的波速达到 700～800 千米/小时，在茫茫的大洋里波高不足 1 米，但当到达海岸浅水地带时，波长减短而波高急剧增高，可达数十米，形成拥有巨大能量的"水墙"。海浪水墙每隔数分钟或数十分钟就重复一次，摧毁堤岸，淹没陆地，夺走生命财产，破坏力极大。

▼ 海啸来临时的场景

蓝色海洋的变迁

◎ 海洋地震

　　海洋地震是指震中位于海底的地震。海洋地震可造成海底断层上下错位，引发海啸，但很多时候并不产生海啸。由于海水不能传播横向的波动，因此海洋地震时在海面上感受到的震动仅是纵向的冲击，当冲击力量大到一定程度时，才能使船上的人有触礁的感觉。

　　2004年12月26日，强达里氏9.1～9.3级大地震袭击了印度尼西亚苏门答腊岛海岸，持续时间长达10分钟。此次地震引发的海啸甚至危及到远在索马里的海岸居民。仅印度尼西亚就死亡16.6万人，斯里兰卡死亡3.5万人。印度、印度尼西亚、斯里兰卡、缅甸、泰国、马尔代夫和东非地区有200多万人无家可归。此次地震共造成22.6万人死亡，在全球地震死亡人数中排名第四，但在海啸死亡人数中却排名第一。

　　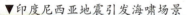2011年3月11日当地时间14时46分，日本东北部太平洋海域发生强烈地震（里氏9.0级），为历史第五大地震，震中位于日

▼印度尼西亚地震引发海啸场景

5 永恒的海洋

本宫城县以东太平洋海域,距仙台约 130 千米,震源深度 20 千米。此次强震引发的巨大海啸对日本东北部岩手县、宫城县、福岛县等地造成毁灭性破坏,并引发福岛第一核电站核泄漏事故。死亡 15 895 人、失踪 1115 人。

◎ 赤潮

赤潮是在特定的环境条件下,海水中某些浮游植物、原生动物或细菌爆发性增殖或高度聚集而引起水体变色的一种有害生态现象。赤潮是一个历史沿用名,它并不一定都是红色。

因赤潮发生的原因、种类和数量的不同,水体会呈现不同的颜色,有红色或砖红色、绿色、黄色、棕色等。值得指出的是,某些赤潮生物(如膝沟藻、裸甲藻、梨甲藻等)引起赤潮有时并不使海水呈现任何特别的颜色。

赤潮发生后海洋藻类在腐烂过程中产生硫化氢等有害物质,或

▼ 赤潮导致鱼类大量死亡

生物毒素，它们会毒死海洋动物，或把毒素残存于动物体内。可见，赤潮危及海洋渔业、海产品养殖业、海上旅游业、人类健康和生态平衡。

◎ 原油泄漏

人类开发海洋资源的同时也在污染海洋，例如原油泄漏。原油泄漏后在海面形成的油膜能阻碍大气与海水之间的气体交换，影响海面对电磁辐射的吸收、传递和反射。长期覆盖在极地冰面的油膜，会增强冰块吸热能力，加速冰层融化，对全球海平面变化和长期气候变化造成潜在影响。另外，石油污染会破坏滨海风景区和滨海浴场的生态环境，造成污染。比较著名的原油泄漏事件有墨西哥湾漏油事件。

2010年4月24日，英国石油公司在美国墨西哥湾的"深水地平线"钻井平台爆炸沉没约两天后，海下受损油井开始漏油。这口油井位于海面下1525米处。海下探测器探查显示，钻井隔水导管和钻探管开始漏油，漏油量为每天5000桶左右。为避免浮油漂至美国海岸，美国救灾部门"圈油"焚烧，烧掉数千升原油。英国石油公司先前尝试用水下机器人启动堵漏闸门，未能成功。工程人员考虑打一口减压井，以遏制原油泄漏，预计耗资上亿美元，工期长

▼墨西哥湾原油泄漏　　▼受原油泄漏污染的南极企鹅

达数月；工程人员还考虑建造一个罩式装置，把浮油罩起来，而后用泵把浮油抽上轮船。此次漏油事故超过了1989年阿拉斯加埃克森公司瓦尔迪兹油轮的泄漏事件，是美国历史上"最严重的一次"漏油事故。

科普小课堂——保护海洋环境与生态

面对海洋环境的严重污染，海洋资源过度地开发利用，导致海洋环境及其资源的严重破坏。因此，很多国家和地区相继建立起各种类型的海洋保护区，大致可分为：海洋生态系统保护区、濒危珍稀物种保护区、自然历史遗迹保护区、特殊自然景观保护区以及海洋环境保护区等。

国际与国内有许多保护海洋的组织和协会，志愿者们为了海洋环境的美好，一直在努力开展海洋知识科普宣传和在海边沙滩上进行垃圾清理活动。

◎ 世界海洋日

2008年，在第63届联合国大会上确定将每年的6月8日设为"世界海洋日（World Oceans Day）"。联合国秘书长潘基文就此发表致辞

▲海洋守护者协会图标

时指出，人类活动正在使海洋世界付出可怕的代价，个人和团体都有义务保护海洋环境，认真管理海洋资源。

2009年联合国将首个世界海洋日的主题确定为"我们的海洋，我们的责任"（Our oceans，Our duty）。2017年世界海洋日的主题是"我们的海洋，我们的未来（Our oceans，Our future）"。

创建海洋保护国际组织，组成全球海洋保护大联盟，团结一切可以团结的力量保护海洋。保护海洋就是保护我们自己，相信海洋赋予人类的同时需要我们共同来保护海洋。

海洋守护者协会是由保罗·沃森（Paul Watso）创办的一个专门保护鲸鱼、鲨鱼、海狮、海豹等海洋动物的组织。

◎ 联合国海洋法公约

联合国海洋法公约（United Nations Convention on the Law of the Sea）指联合国曾召开的三次海洋法会议，以及1982年第三次会议所决议的海洋法公约（LOSC）。在中文语境中，"海洋法公约"一般是指1982年的决议条文。此公约对内水、领海、临接海域、大陆架、专属经济区、公海等重要概念作了界定，对当前全球各处的领海主权争端、海上天然资源管理、污染处理等具有重要的指导和裁决作用。

◎ 蓝丝带海洋保护协会

蓝丝带海洋保护协会于2007年6月1日在海南三亚注册成立，是以海洋保护为主旨的中国民间公益社会团体，致力于海洋保护宣传教育、海洋垃圾清理、海洋生态资源保护、建设中国民间海洋

▲蓝丝带海洋保护图标

5 永恒的海洋

保护网络等工作,促进中国海洋保护事业发展。

海洋保护要从个人到团体再到国家共同努力,要时刻谨记,时刻做起。因此,保护海洋人类需要做到:

第一,治理河流,不允许被严重污染的江河水流进大海。

第二,海上钻井平台、海洋船舶、海岸工程、跨海大桥等均不得污染海洋。

第三,强化内陆的水土保持,不让过多的泥沙淤积入海口。

第四,禁止过度捕捞海洋生物,破坏生态平衡。

第五,海边旅游不乱扔乱弃,保持卫生干净。

第六,树立正确的基本概念,对任何自然资源都一样,不利用就是最好的利用。

第七,建立并宣传"永续利用(可持续利用)"的观念。

▲海洋保护行动

主要参考文献

童金南，殷鸿福.古生物学[M].北京：高等教育出版社，2007.

王章俊，王菡.生命进化简史[M].北京：地质出版社，2017.

左晓敏，宋香锁.生命乐章——生命进化[M].济南：山东科学技术出版社，2016.

侯先光，杨·博格斯琼，王海峰，等.澄江动物群：5.3亿年前的海洋动物[M].昆明：云南科技出版社，1999.

韩代成，宋晓媚.漂移的大陆——板块［M］.济南：山东科技出版社，2016.

方凌生.奥陶纪物种大爆发之谜[J].大自然探索，2008（11）：11-19.

贾如.我国海洋资源可持续开发利用的科技需求和政策研究[D].锦州：渤海大学，2015.

廖莉茹.郑和与哥伦布航海差异的文化归因探究［J］.兰州教育学院学报，2017，33（11）68-69.

本书部分图片、信息来源于百度百科、科学网、NASA等科技网站，相关图片无法详细注明引用来源，在此表示歉意。若有相关图片设计版权使用需要支付相关稿酬，请联系我方。特此声明。

选题策划：唐然坤
责任编辑：唐然坤　李应争
封面设计：唐良玉

探索地球演化奥秘科普系列丛书

地球的来龙去脉
地球生命的起源与进化
蓝色海洋的变迁
穿越恐龙时代

中国地质大学出版社官网　出版社线上购书平台　定价：29.80元

ISBN 978-7-5625-4596-5

 湖北省社会公益出版专项资金资助项目

探索地球演化奥秘科普系列丛书

地球的来龙去脉

DIQIU DE LAILONG-QUMAI

徐世球 编著

 中国地质大学出版社
ZHONGGUO DIZHI DAXUE CHUBANSHE